Somu Chaithanya

Inversores multinível

Somu Chaithanya

Inversores multinível

ScienciaScripts

ÍNDICE

CAPÍTULO -1 3

INTRODUÇÃO 3

   1.1 Inversores monofásicos: 3

   1.2 INVERSOR TRIFÁSICO: 4 4

CAPÍTULO 2 7

ESTRUTURA DO INVERSOR MULTINÍVEL 7

   2.1 Inversor multinível com pinça de díodos 8

   2.2 Estrutura do condensador voador. 13

   2.3 Inversor multinível em cascata 16

CAPÍTULO 3 19

TÉCNICAS DE MODULAÇÃO PARA INVERSORES MULTINÍVEL 19

   3.1 Uma definição de modulação: 19

   3.2 Técnicas de PWM: 19

   3.3 Técnicas de PWM baseadas em portadora. (Relações entre as formas de onda fundamental e portadora): 27

   3.4 Conclusão 28

Capítulo 4 29

Nova topologia de inversor multinível 29

   4.1 Diagrama de blocos da topologia proposta: 29

   4.2 Funcionamento da topologia proposta: 29

   4.3 Nova modulação PWM multinível: 33

Capítulo 5 36

Nova Topologia de Inversor Multinível -2 36

   5.1 Diagrama de blocos da topologia proposta: 36

   5.2 Funcionamento da topologia proposta: 36

   5.3 RESULTADOS DA SIMULAÇÃO: 38

   5.3 Conclusão: 40

CAPÍTULO 6 41

CONCLUSÃO E TRABALHO FUTURO 41

   6.1 CONCLUSÃO: 41

   6.2 TRABALHO FUTURO: 42

REFERÊNCIA 42

CAPÍTULO -1

INTRODUÇÃO

1.1 Inversores monofásicos:

A Figura 1.1 mostra a topologia básica de um inversor de ponte completa com saída monofásica. Esta configuração é frequentemente designada por ponte H, devido à disposição dos interruptores de potência e da carga. O inversor pode fornecer e aceitar tanto potência real como reactiva. O inversor tem duas pernas, esquerda e direita. Cada perna é constituída por dois dispositivos de controlo de potência (neste caso, IGBTs) ligados em série. A carga é ligada entre os pontos médios das pernas bifásicas. Cada dispositivo de controlo de potência tem um díodo ligado em antiparalelo. Os díodos fornecem um caminho alternativo para a corrente de carga se os interruptores de potência forem desligados. Por exemplo, se o IGBT inferior da perna esquerda estiver a conduzir e a transportar corrente para o barramento CC negativo, esta corrente será "comutada" para o díodo que atravessa o IGBT superior da perna esquerda, se o IGBT inferior for desligado. O controlo do circuito é efectuado variando o tempo de ligação do IGBT superior e inferior de cada perna do inversor, com a condição de nunca ligar ambos ao mesmo tempo, para evitar um curto-circuito no barramento CC. De facto, os controladores modernos não permitirão que tal aconteça, mesmo que o controlador ordene erradamente que ambos os dispositivos sejam ligados. Por conseguinte, o controlador alternará os comandos de ligação do interruptor superior e do interruptor inferior, ou seja, ligará o interruptor superior e desligará o interruptor inferior, e vice-versa. O circuito do controlador adicionará normalmente algum tempo de supressão adicional (normalmente 500 a 1000 ns) durante as transições dos interruptores para evitar qualquer sobreposição nos intervalos de condução.

O controlador controlará assim o ciclo de funcionamento da fase de condução dos comutadores. O potencial médio do ponto central de cada perna será dado pela tensão do barramento CC multiplicada pelo ciclo de funcionamento do interrutor superior, se o lado negativo do barramento CC for utilizado como referência. Se este ciclo de funcionamento for modulado com um sinal sinusoidal com uma frequência muito inferior à frequência de comutação, a média de curto prazo do potencial do ponto central seguirá o sinal de modulação. "Para o inversor monofásico, a modulação das duas pernas é inversa uma da outra, de modo que se a perna esquerda tem um grande ciclo de trabalho para o interrutor superior, a perna direita tem um pequeno, etc. A tensão de saída é então dada pela Eq. (5.1) em que $m\,a$ é o fator de modulação. Os limites para m são para modulação linear. Valores superiores a 1 causam sobremodulação e um aumento notável na distorção da tensão de saída.

1.1.1 Vantagens:

Circuito simples e de baixo custo

1.1.2 Desvantagens:

1. A corrente de saída na carga contém, para além da componente dc, componentes ac de frequência básica igual à da frequência da tensão de entrada. O fator de ondulação é elevado e,

3

por conseguinte, é necessária uma filtragem elaborada para obter uma saída CC estável.

2) A potência de saída e, por conseguinte, a eficiência da retificação é bastante baixa. Isto deve-se ao facto de a potência ser fornecida apenas em metade do tempo.

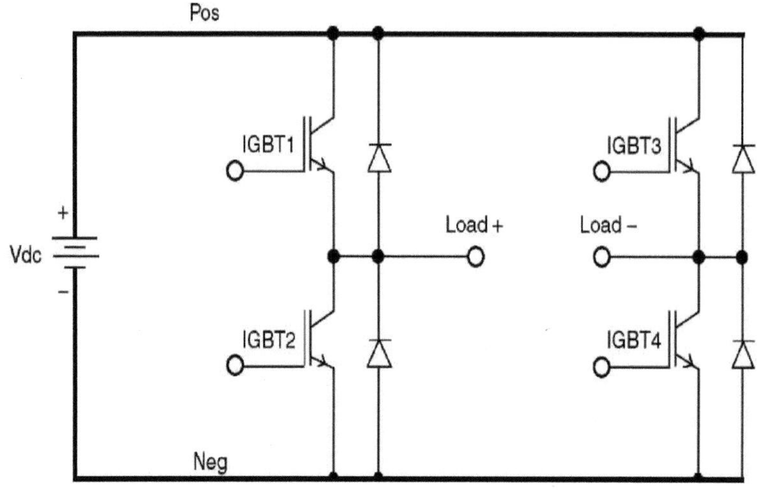

Fig-1.1 Inversor monofásico

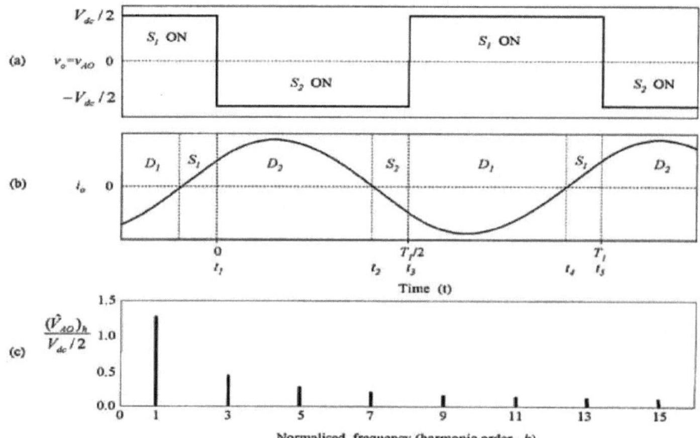

1.2 INVERSOR TRIFÁSICO:

Os inversores trifásicos não podem passar a energia de volta para a entrada CA. A topologia de um retificador trifásico seria a mesma que a mostrada na Fig. 1.2, com todos os IGBTs apagados.mostra a Fig. 1.2 um inversor trifásico, que é a topologia mais utilizada nos actuais accionamentos de motores. O circuito é basicamente uma extensão do inversor monofásico do tipo ponte H, com uma perna adicional. A estratégia de controlo é semelhante ao controlo do inversor monofásico, exceto que os sinais de referência para as diferentes pernas têm um desvio de fase de 120°, em vez de 180° no caso do inversor monofásico. Devido a este deslocamento de fase, os harmónicos triplos n ímpares (3°, 9°, 15°, etc.) da forma de onda de referência para cada perna são eliminados da tensão de saída linha a linha [Shepherd e Z e, 1979; Rashid, 1993; Mohan et al., 1995; Novotny e Li p o, 1996]. Os harmónicos pares também são cancelados se as formas de onda forem CA pura, o que é normalmente o caso. Para compensar esta redução de tensão, o facto de os harmónicos se cancelarem é por vezes utilizado para aumentar as amplitudes das tensões de saída, injectando intencionalmente um componente de terceiro harmónico na forma de onda de referência de cada perna de fase [Mohan et al., 1995]. A Figura 1.3 mostra a saída típica de um inversor trifásico durante um transiente de arranque numa carga típica de um motor. Esta figura foi criada utilizando a simulação do circuito. O gráfico superior mostra a forma de onda modulada por largura de impulso entre as fases A e B, enquanto o gráfico inferior mostra as correntes nas três fases. É óbvio que o motor actua como um filtro passa-baixo para a tensão PWM aplicada e a corrente assume a forma de onda do sinal de modulação fundamental com quantidades muito pequenas de ondulação de comutação. Tal como o inversor monofásico baseado na topologia de ponte H, o inversor pode fornecer e aceitar potência real e reactiva. Em muitos casos, o barramento de corrente contínua é alimentado por um retificador de díodos da rede eléctrica, que não pode passar a energia de volta para a entrada de corrente alternada. A topologia do retificador trifásico seria a mesma que a mostrada na Figura 1.2, com todos os IGBTs eliminados.

1.2.1 Vantagens:

1. A corrente de saída na carga contém muito menos componentes CA em comparação com os inversores monofásicos.

2. O fator de ondulação é menor e, por conseguinte, não é necessária uma filtragem de custo elevado para obter uma saída CC estável

1.2.2 Desvantagens:

1. A corrente CA de entrada de um inversor trifásico em ponte completa contém apenas harmónicos ímpares, mas nenhum componente CC ou harmónicos triplos n.

2. Os inversores trifásicos de onda completa não controlados utilizam seis díodos em vez dos três do inversor de meia onda.

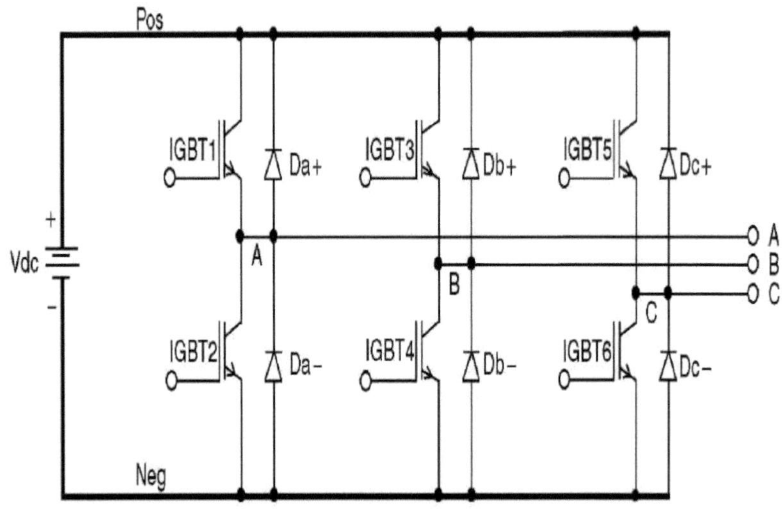

Fig-1.2 Inversor trifásico

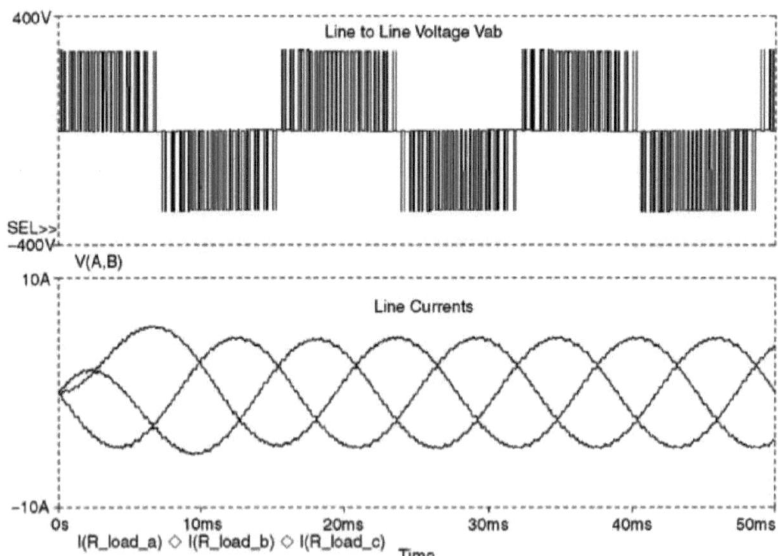

Fig-1.3 Formas de onda típicas

CAPÍTULO 2

ESTRUTURA DE INVERSOR MULTINÍVEL

Estruturas de inversores multinível:

Um nível de tensão de três é considerado o número mais pequeno nas topologias de conversores multinível. Devido aos interruptores bidireccionais, o VSC multinível pode funcionar tanto no modo retificador como no modo inversor. É por isso que, na maioria das vezes, é referido como conversor em vez de inversor nesta dissertação. Um conversor multinível pode comutar os seus nós de entrada ou de saída (ou ambos) entre múltiplos (mais de dois) níveis de tensão ou corrente. À medida que o número de níveis atinge o infinito, a THD de saída aproxima-se de zero. No entanto, o número de níveis de tensão que podem ser atingidos é limitado por problemas de desequilíbrio de tensão, requisitos de fixação de tensão, restrições de disposição do circuito e de empacotamento, complexidade do controlador e, evidentemente, custos de capital e de manutenção.

Três estruturas principais de conversores multinível têm sido aplicadas em aplicações industriais: conversor de pontes H em cascata com fontes dc separadas, com pinças de díodos e com condensadores voadores. As estruturas de conversores multinível são o principal foco de discussão neste capítulo; no entanto, as estruturas ilustradas também podem ser implementadas para operação de retificação. Embora cada tipo de conversor multinível partilhe as vantagens dos inversores de fonte de tensão multinível, pode ser adequado para uma aplicação específica devido às suas estruturas e desvantagens. O funcionamento e a estrutura de alguns tipos importantes de conversores multinível são discutidos nas secções seguintes.

Num VSI multinível, a tensão do elo de corrente contínua Vdé obtida a partir de qualquer equipamento que possa produzir uma fonte de corrente contínua estável. Os condensadores ligados em série constituem um depósito de energia para o inversor, fornecendo alguns nós aos quais o inversor multinível pode ser ligado. Em primeiro lugar, assume-se que os condensadores ligados em série são quaisquer fontes de tensão com o mesmo valor. A tensão V de cada condensador é dada por $V_c = V_{dc}/(n-1)$, em que n representa o número de níveis.

A Fig. 2.1 mostra um diagrama esquemático de uma perna de fase de inversores com diferentes números de níveis, para os quais a ação dos semicondutores de potência é representada por um interrutor ideal com várias posições. Um inversor de dois níveis gera uma tensão de saída com dois valores (níveis) em relação ao terminal negativo do condensador, enquanto o inversor de três níveis gera três tensões, e assim por diante.

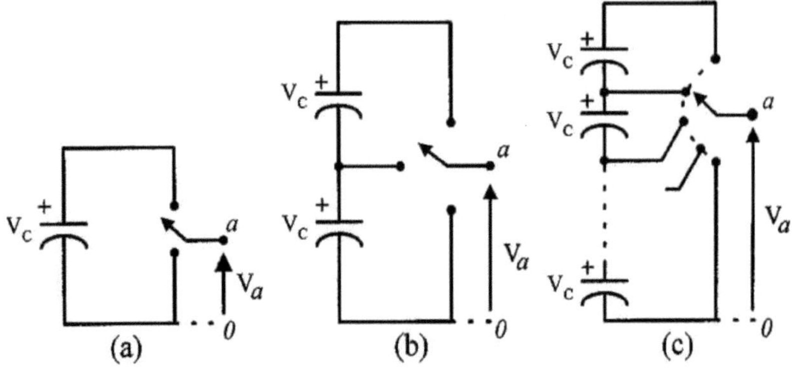

Fig. 2.1 Perna de uma fase de um inversor com (a) dois níveis, (b) três níveis e (c) n níveis.

2.1 Inversor multinível com pinça de díodos

A topologia multinível mais comummente utilizada é o inversor com díodo, em que o díodo é utilizado como dispositivo de aperto para fixar a tensão do barramento CC, de modo a obter degraus na tensão de saída. O conversor de ponto neutro proposto por Nabae, Takahashi e Akagi em 1981 era essencialmente um conversor de três níveis com pinça de díodo. Um conversor de três níveis com pinça de díodo é constituído por dois pares de interruptores e dois díodos. Cada par de interruptores funciona em modo complementar e os díodos são utilizados para dar acesso à tensão de ponto médio. Num inversor de três níveis, cada uma das três fases do inversor partilha um barramento CC comum, que foi subdividido por dois condensadores em três níveis. A tensão do barramento CC é dividida em três níveis de tensão utilizando duas ligações em série de condensadores CC, C1 e C2. A tensão em cada dispositivo de comutação é limitada a Vdc através dos díodos de aperto Dc1 e Dc2. Assume-se que a tensão total da ligação dc é Vdc e que o ponto médio é regulado a metade da tensão da ligação dc, a tensão em cada condensador é Vdc/2 (Vc1=Vc2=Vdc/2). Num inversor de três níveis com pinça de díodo, existem três estados de comutação possíveis que aplicam a tensão do caso de escada na tensão de saída relacionada com a taxa de tensão do condensador da ligação CC. Para um inversor de três níveis, um conjunto de dois interruptores está ligado num determinado momento e, num inversor de cinco níveis, um conjunto de quatro interruptores está ligado num determinado momento e assim por diante. A Fig-2.2 mostra o circuito de um inversor com pinça de díodo para um inversor de três níveis e um inversor de cinco níveis. Os estados de comutação do inversor de três níveis estão resumidos na tabela-1.

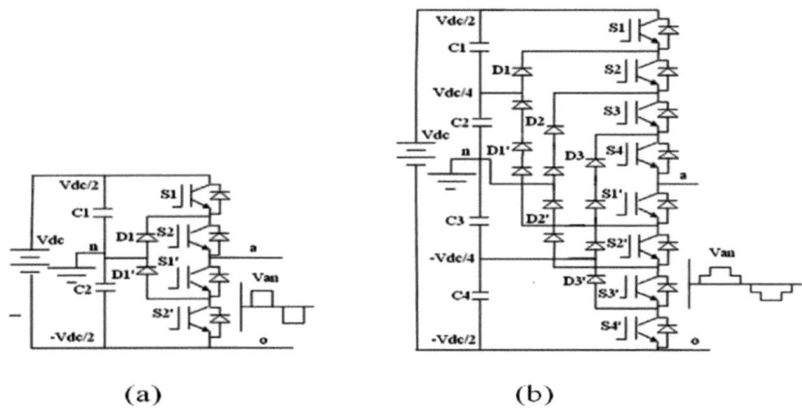

Fig 2.2: Topologia do inversor com pinça de díodo (a) Inversor de três níveis, (b) Inversor de cinco níveis

Estado do interrutor	Estado	Tensão do pólo
S1=ON, S2=ON S1'=OFF, S2-=OFF	S=+ve	Vao=Vdc/2
S1=OFF, S2=ON S1'=LIGADO, S2-=DESLIGADO	S=0	Vao=0
S1=OFF, S2=OFF S1'=ON, S2'=ON	S=-ve	Vao=-Vdc/2

Tabela-1.1. Estados de comutação numa perna do inversor de três níveis com pinça de díodo

A Fig. 2.3 mostra a tensão de fase e a tensão de linha do inversor de três níveis na condição de equilíbrio. A tensão de linha Vab é constituída por uma tensão de fase *a* e uma tensão de fase *b*. A tensão de linha resultante é uma forma de onda em escada de 5 níveis para o inversor de três níveis e uma forma de onda em escada de 9 níveis para um inversor de cinco níveis. Isto significa que um inversor com diodeclampagem de N níveis tem uma tensão de fase de saída de N níveis e uma tensão de linha de saída de (2N-1) níveis. Em geral, a tensão em cada condensador de um inversor com pinça de díodos de N níveis em estado estacionário é Vdc/(N-1). Embora seja necessário que cada dispositivo de comutação ativa bloqueie apenas um nível de tensão de Vdc, os díodos de aperto requerem valores diferentes para o bloqueio da tensão inversa.

(b) Tensão de fase de saída

Em geral, para um inversor com N níveis de tensão, são necessários 2(N-1) dispositivos de comutação, (N-1) * (N-2) díodos de aperto e (N-1) condensadores de ligação CC para cada segmento. Ao aumentar o número de níveis de tensão, a qualidade da tensão de saída é melhorada e a forma de onda da tensão aproxima-se da forma de onda sinusoidal. No entanto, o equilíbrio da tensão dos condensadores será a questão crítica nos inversores de nível elevado. Quando N é suficientemente elevado, o número de díodos e o número de dispositivos de comutação aumentam e tornam o sistema impraticável de implementar. Se o inversor funcionar com modulação por largura de impulsos (PWM), a recuperação inversa destes díodos de aperto torna-se o maior desafio de conceção. Embora a estrutura seja mais complicada do que a do inversor de dois níveis, o funcionamento é simples.

2.1.1 Funcionamento do DCMLI:

A Fig. 2.2(a) mostra um conversor de três níveis com díodo de aperto em que o barramento dc é constituído por dois condensadores, C1 e C2. Para a tensão do barramento dc Vdc, a tensão em cada condensador é Vdc/2 e a tensão de cada dispositivo será limitada a um nível de tensão do condensador Vdc/2 através de díodos de aperto. Para explicar como a tensão em escada é sintetizada, o ponto neutro n é considerado como o ponto de referência da tensão da fase de saída. Existem três combinações de interruptores para sintetizar tensões de três níveis através de a e n.

1)   Nível de tensão Van= Vdc/2, ligar os interruptores S1eS2.

2)   Nível de tensão Van = 0, ligar os interruptores S2 e S1'.

3)   Nível de tensão Van = - Vdc/2 ligar os interruptores S1',S2'.

A Fig. 2.2(b) mostra um conversor de cinco níveis com díodo de aperto em que o barramento dc é constituído por quatro condensadores, C1, C2, C3 e C4. Para a tensão do barramento dc Vdc, a tensão em cada condensador é Vdc/4 e a tensão de cada dispositivo será limitada a um nível de tensão do condensador Vdc/4 através de díodos de aperto.

Tensão Vao	Estado do interrutor							
	SI	S2	S3	S4	SI"	S2"	S3"	S4"
Vao=Vdc	1	1	1	1	0	0	0	0
Vao=Vdc/2	0	1	1	1	1	0	0	0
Vao=0	0	0	1	1	1	1	0	0
Vao=-Vdc/2	0	0	0	1	1	1	1	0
Vao=-Vdc	0	0	0	0	1	1	1	1

Tabela-1.2. Estados de comutação numa perna do inversor de cinco níveis com pinça de díodo

Para explicar como a tensão em escada é sintetizada, o ponto neutro n é considerado como o ponto de referência da tensão de fase de saída. Existem cinco combinações de interruptores para sintetizar cinco níveis de tensão entreossa e n.

1) Nível de tensão Van= Vdc; ligar todos os interruptores superiores S1, S2, S3 e S4.

2) Nível de tensão Van= Vdc/2, ligar os interruptores S2, S3, S4 e S1'.

3) Nível de tensão Van = 0, ligar os interruptores S3, S4, S1' e S2'.

4) Nível de tensão Van= - Vdc/2 ligar os interruptores S4, S1', S2', S3'.

5) Nível de tensão Van = - Vdc; ligar todos os interruptores inferiores S1', S2',S3' e S4'.

Existem quatro pares de interruptores complementares em cada fase. O par de interruptores complementares é definido de forma a que a ativação de um dos interruptores exclua a ativação do outro. Neste exemplo, os quatro pares complementares são (S1 -SI'), (S2-S2'), (S3 - S3') e (S4 - S4').

Embora cada dispositivo de comutação ativo só deva bloquear um nível de tensão de Vdc/ (m-1), os díodos de aperto devem ter diferentes valores de tensão para o bloqueio da tensão inversa. Usando Dl' da Fig. 2.2(b) como exemplo, quando os dispositivos inferiores S_2 '- S4', estão ligados, Dl'precisa de bloquear três tensões de condensador, ou 3Vdc/4, e D1 precisa de bloquear Vdc/4. Da mesma forma, D2 e D2' precisam de bloquear 2Vdc/4, e D3 precisa de bloquear 3Vdc/4. Assumindo que a tensão nominal de cada díodo de bloqueio é a mesma que a tensão nominal do dispositivo ativo, o número de díodos necessários para cada fase será (m-1)*(m-2). Este número representa um aumento quadrático em m.

Existem alguns interruptores complementares e, numa implementação prática, é inserido algum tempo morto entre os sinais de comutação e os seus complementos, o que significa que ambos os interruptores num par complementar podem ser desligados durante um pequeno período de tempo durante uma transição. No entanto, para efeitos da presente análise, o tempo morto será ignorado.

2.1.2 Caraterísticas do MLI com pinça de díodo

1) Classificação de alta tensão necessária para díodos de bloqueio:

Embora cada dispositivo de comutação ativo só tenha de bloquear um nível de tensão de Vdc/(m- l), os díodos de aperto têm de ter diferentes valores de tensão para bloquear a tensão inversa. Utilizando Dl' da Fig. 2 (inversor de 5 níveis com díodo de aperto) como exemplo, quando todos os dispositivos inferiores, S1'-S4', estão ligados, Dl' necessita de bloquear três tensões do condensador, ou 3Vdc/4. Da mesma forma, D2 e D2' precisam de bloquear 2Vdc/4, e D3 precisa de bloquear 3Vdc/4. Assumindo que a tensão nominal de cada díodo de bloqueio é a mesma que a tensão nominal do dispositivo ativo, o número de díodos necessários para cada fase será *(m* - 1) x (m - 2). Este número representa um aumento quadrático em *m*. Quando *m* é suficientemente elevado, o número de díodos necessários tornará o sistema impraticável de implementar. 2) *Classificação desigual dos dispositivos,*

Na figura 2, pode ver-se que o interrutor S1 conduz apenas durante *Vao=* Vdc, enquanto o interrutor *S4* conduz durante todo o ciclo, exceto durante *Vao=* 0. Um dever de condução tão desigual requer diferentes valores de corrente para os dispositivos de comutação. Quando o projeto do inversor é para utilizar o serviço médio para todos os dispositivos, os interruptores exteriores podem ser sobredimensionados e os interruptores interiores podem ser subdimensionados. Se o projeto se adequar ao pior caso, então cada fase terá 2 x *(m - 2)* dispositivos exteriores sobredimensionados. Em comparação com os conversores multipulsos tradicionais de acoplamento de transformador que utilizam o funcionamento em seis fases para cada conversor, esta desigualdade de serviço de condução é, de facto, uma caraterística vantajosa, uma vez que o funcionamento em seis fases requer um serviço máximo em cada dispositivo e correntes de circulação entre conversores através de transformadores.

3) Desequilíbrio da tensão do condensador:

Na maioria das aplicações, um conversor de potência precisa de transferir potência real de CA para CC (funcionamento do retificador) ou de CC para CA (funcionamento do inversor). Quando funciona com um fator de potência unitário, o tempo de carga para o funcionamento do retificador (ou o tempo de descarga para o funcionamento do inversor) para cada condensador é diferente. Este perfil de carga dos condensadores repete-se a cada meio ciclo e o resultado são tensões desequilibradas dos condensadores entre diferentes níveis. O problema do desequilíbrio de tensão num conversor multinível pode ser resolvido através de várias abordagens, tais como a substituição dos condensadores por uma fonte de tensão contínua controlada, como reguladores de tensão de modulação de largura de impulso (PWM) ou baterias. A utilização de uma tensão contínua controlada resultará numa complexidade do sistema e em penalizações em termos de custos. Com a natureza de alta potência dos sistemas de energia da rede pública, a frequência de comutação do conversor deve ser mantida a um nível mínimo para evitar perdas de comutação e problemas de interferência electromagnética (EMI). No entanto, quando se opera com fator de potência zero, as tensões dos condensadores podem ser equilibradas por cargas e descargas iguais em meio ciclo. Isto indica que o conversor pode transferir potência reactiva pura sem o problema do desequilíbrio de tensão.

2.1.3 Vantagens e desvantagens do DCMLI.

Vantagens:

1. Todas as fases partilham um barramento CC comum, o que minimiza os requisitos de capacitância do conversor. Por este motivo, uma topologia back-to-back não só é possível como também prática para utilizações como uma interconexão back-to-back de alta tensão ou um variador de velocidade ajustável.

2. Os condensadores podem ser pré-carregados em grupo.

3. A eficiência é elevada para a comutação de frequência fundamental.

4. Quando o número de níveis é suficientemente elevado, o conteúdo harmónico será suficientemente baixo para evitar a necessidade de filtros

Desvantagens:

1. O fluxo de potência real é difícil para um único inversor porque os níveis intermédios de corrente contínua tendem a sobrecarregar ou a descarregar sem uma monitorização e um controlo precisos.

2. O número de díodos de aperto necessários está quadraticamente relacionado com o número de níveis [1], o que pode ser complicado para unidades com um elevado número de níveis.

2.2 Estrutura do condensador voador.

O inversor com pinça de condensador, alternativamente conhecido como condensador voador, foi proposto por *Meynard e Foch* em 1992. A estrutura deste inversor é semelhante à do inversor com pinça de díodos, exceto que, em vez de utilizar díodos de pinça, o inversor utiliza condensadores no seu lugar. O condensador voador envolve a ligação em série de células de comutação fixadas por condensador. Esta topologia tem uma estrutura em escada de condensadores do lado dc, em que a tensão em cada condensador difere da do condensador seguinte. O incremento de tensão entre duas pernas de condensador adjacentes dá a dimensão dos degraus de tensão na forma de onda de saída. A Figura 2.3 mostra os inversores de três níveis e de cinco níveis com capacitor preso, respetivamente.

2.2.1. Funcionamento da FCMLI.

No funcionamento do inversor multinível de condensadores voadores, cada nó de fase (a, b ou c) pode ser ligado a qualquer nó da bateria de condensadores (V3, V2, V1). A ligação da fase a ao nó positivo V3 ocorre quando S1 e S2 são ligados e à tensão do ponto neutro quando S2 e ST são ligados. O nó negativo V1 é ligado quando ST e S2 estão ligados. O condensador com pinça C1 carrega-se quando S1 e ST estão ligados e descarrega-se quando S2 e S2' estão ligados. A carga do condensador pode ser equilibrada através da seleção adequada dos estados zero. Em comparação com o inversor de três níveis com pinça de díodo, é possível um estado de comutação adicional. Em particular, existem dois estados de transístor, que constituem o nível V3. Considerando a direção da corrente Ia do condensador voador de fase a para os estados redundantes, pode ser tomada uma decisão para carregar ou descarregar o condensador e, por conseguinte, a tensão do condensador pode ser regulada para o valor desejado através da comutação dentro da fase. Tal como no inversor de condensador voador de três níveis, os estados de comutação mais elevado e mais baixo não alteram a carga dos condensadores. Os dois níveis de tensão intermédios contêm estados redundantes suficientes para que ambos os condensadores possam ser regulados para as suas tensões ideais.

À semelhança do conversor com fixação por díodos, a fixação por condensadores requer um grande número de condensadores para fixar a tensão. Desde que a tensão nominal de cada condensador utilizado seja a mesma que a do interruptor de potência principal, um conversor de N níveis necessitará de um total de (N-1) * (N- 2) / 2 condensadores de aperto por fase, para além dos (N-1) condensadores principais do barramento CC.

Ao contrário do inversor com pinça de díodo, o inversor com capacitor voador não requer que todos os interruptores estejam ligados (em condução) numa série consecutiva. Além disso, o inversor de capacitor voador tem redundâncias de fase, enquanto o inversor com pinça de diodo tem apenas redundâncias de linha [1, 3]. Estas redundâncias permitem uma escolha de condensadores específicos de carga/descarga e podem ser incorporadas no sistema de controlo para equilibrar as tensões nos vários níveis.

A síntese da tensão num conversor de cinco níveis com condensador tem mais flexibilidade do que num conversor com díodo. Usando a Fig. 2.4 (b) como exemplo, a tensão da saída "a" da perna de fase de cinco níveis em relação ao ponto neutro n (ou seja, Van) pode ser sintetizada pelas seguintes combinações de interruptores.

1) Nível de tensão Van= Vdc/2, ligar todos os interruptores superiores S1 - S4.

2) Nível de tensão Van= Vdc/4, existem três combinações.

a) Ligar os interruptores S1, S2, S3 e S1' (Van= Vdc/2 dos C4 "s superiores - Vdc/4 dos C1 "s).

b) Ligar os interruptores S2, S3, S4 e S4' (Van= 3Vdc/4 dos C3 "s superiores - Vdc/2 dos C4 "s).

c) Ligar os interruptores S1, S, S4 e S3'. (Van= Vdc/2 de C4 "s superior - 3Vdc/4 ou C3 "s + Vdc/2 de C2" superior).

3) Nível de tensão Va= 0, ligar os interruptores superiores S3, S4, e os interruptores inferiores S1', S2'.

4) Nível de tensão Van= -Vdc/4, ligar o interrutor superior S1 e os interruptores inferiores S1', S2'e S3'.

5) Nível de tensão Van= -Vdc/2, ligar todos os interruptores inferiores S1', S2', S3' e S4'.

2.2.2 Caraterísticas da FCMLI

O principal problema deste conversor é a necessidade de um grande número de condensadores de armazenamento. Desde que a tensão nominal de cada condensador utilizado seja a mesma que a do interruptor de potência principal, um conversor de nível m necessitará de um total de *(m - 1)* x *(m - 2)/2* condensadores auxiliares por perna de fase, para além dos (m - 1) condensadores principais do barramento CC. Partindo do princípio de que todos os condensadores têm a mesma tensão nominal, um conversor díodo-clamp de nível m necessita apenas de *(m - 1)* condensadores.

A fim de equilibrar a carga e a descarga do condensador, podem ser utilizadas duas ou mais combinações de interruptores para níveis de tensão intermédios (ou seja, 3Vdc/4, Vdc/2 e Vdc/4) num ou em vários ciclos fundamentais. Assim, mediante uma seleção adequada das combinações de interruptores, o conversor multinível de capacitor voador pode ser utilizado em conversões de energia real. No entanto, quando se trata de conversões de energia reais, a seleção de uma combinação de comutação torna-se muito complicada e a frequência de comutação tem de ser superior à frequência fundamental. Em resumo, as vantagens e desvantagens de um conversor de tensão multinível de condensador voador são as seguintes

Vantagens e desvantagens da FCMLI

Vantagens:

Em comparação com o inversor com pinça de díodo, esta topologia tem várias caraterísticas únicas e atractivas, como se descreve a seguir.

1. Não são necessários díodos de aperto adicionais

2. tem redundância de comutação dentro da fase, que pode ser usada para equilibrar os condensadores voadores de modo a que seja necessária apenas uma fonte de corrente contínua.

3. O número necessário de níveis de tensão pode ser alcançado sem a utilização do transformador. Isto ajuda a reduzir o custo do conversor e reduz novamente a perda de potência.

4. Ao contrário da estrutura fixada por díodos, em que a cadeia de condensadores em série partilha a mesma tensão, no conversor de fonte de tensão fixada por condensadores os condensadores dentro de um percurso de fase são carregados para níveis de tensão diferentes

5. O fluxo de potência real e reactiva pode ser controlado.

6. O grande número de condensadores permite que o inversor passe por interrupções de curta duração e por grandes quebras de tensão.

Desvantagens:

1.   Inicialização do conversor, ou seja, antes de o conversor poder ser modulado por qualquer esquema de modulação, os condensadores têm de ser configurados com o nível de tensão necessário como carga inicial. Isto complica o processo de modulação e torna-se um obstáculo ao funcionamento do conversor.

2.   O controlo é complicado para acompanhar os níveis de tensão de todos os condensadores.

3.   A pré-carga de todos os condensadores para o mesmo nível de tensão e o arranque são complexos.

4. a utilização e a eficiência da comutação são fracas para a transmissão de potência real.

5) Uma vez que os condensadores têm grandes fracções da tensão do barramento dc através deles, a classificação dos condensadores é um desafio de conceção.

6. o grande número de condensadores é mais caro e volumoso do que os díodos de aperto nos conversores multinível com díodo de aperto.

2.3 Inversor multinível em cascata

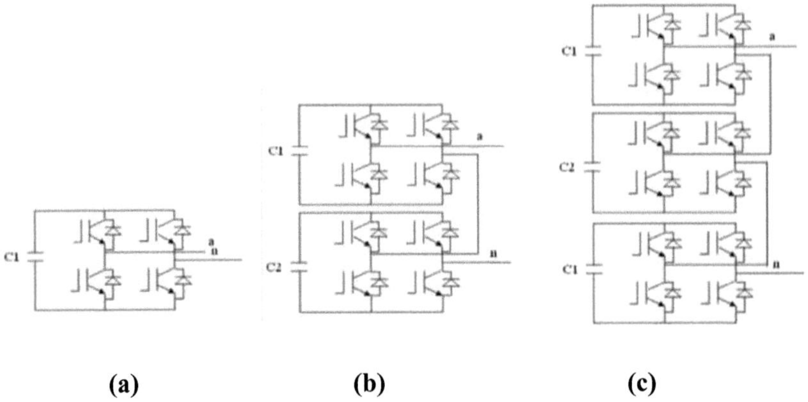

(a)   (b)   (c)

Fig 2.3 Estruturas monofásicas do inversor em cascata de 7 níveis

Uma outra alternativa para um inversor multinível é o inversor multinível em cascata ou inversor de ponte H em série. O inversor de ponte H em série surgiu em 1975 [14]. O inversor multinível em cascata não foi totalmente realizado até dois investigadores, Lai e Peng. Eles patentearam-no e apresentaram as suas várias vantagens em 1997. Desde então, o CMI tem sido utilizado numa vasta gama de aplicações. Com a sua modularidade e flexibilidade, o CMI mostra superioridade em aplicações de alta potência, especialmente em controladores FACTS ligados em série e em derivação. O CMI sintetiza as suas formas de onda de tensão quase sinusoidais de saída através da combinação de muitos níveis de tensão isolados. Ao adicionar mais conversores de ponte H, a quantidade de Var pode simplesmente aumentar sem redesenhar o estágio de potência, e a redundância incorporada contra falhas individuais do conversor de ponte H pode ser realizada. Uma série de pontes completas monofásicas constitui uma fase para o inversor. Uma topologia CMI trifásica é essencialmente composta por três pernas de fase idênticas da cadeia em série de conversores de ponte H, que podem eventualmente gerar diferentes formas de onda de tensão de saída e oferece o potencial para o equilíbrio de fases do sistema AC. Esta caraterística é impossível noutras topologias VSC que utilizam uma ligação CC comum. Uma vez que esta topologia consiste em células de conversão de energia em série, o nível de tensão e potência pode ser facilmente escalonado. A alimentação da ligação CC para cada conversor em ponte completa é fornecida separadamente, o que é normalmente conseguido utilizando rectificadores de díodos alimentados a partir de enrolamentos secundários isolados de um transformador trifásico. Os transformadores com desvio de fase podem alimentar as células em sistemas de média tensão, a fim de proporcionar uma elevada qualidade de energia na ligação à rede eléctrica.

2.3.1 Funcionamento do CMLI:

A topologia do conversor baseia-se na ligação em série de inversores monofásicos com fontes de corrente contínua separadas. A Fig. 2.5 mostra o circuito de potência para uma perna de fase de um inversor em cascata de três níveis, cinco níveis e sete níveis. A tensão de fase resultante é sintetizada pela adição das tensões geradas pelas diferentes células. Num inversor em cascata de 3 níveis, cada inversor monofásico em ponte completa gera três tensões à saída: +Vdc, 0, -Vdc (zero, tensão dc positiva e tensão dc negativa). Isto é possível ligando os condensadores sequencialmente ao lado CA através dos comutadores de potência. A tensão CA de saída resultante varia de -Vdc a +Vdc com três níveis, -2Vdc a +2Vdc com cinco níveis e -3Vdc a +3Vdc com inversor de sete níveis. A forma de onda em escada é quase sinusoidal, mesmo sem filtragem. Para um sistema trifásico, a tensão de saída dos três conversores em cascata pode ser ligada em configurações em estrela (Y) ou em delta (A). Por exemplo, um conversor de 7 níveis configurado em Y utilizando um CMC com condensadores separados é ilustrado na fig. 2.6.

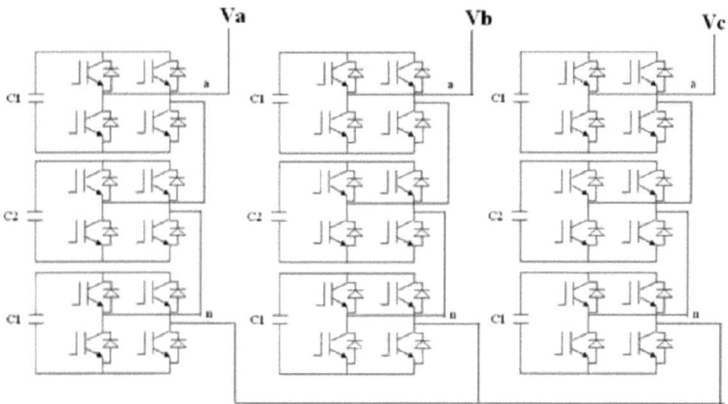

Fig 2.4 Inversor multinível trifásico de 7 níveis em cascata (configuração Y)

2.3.2 Caraterísticas do CMLI:

Para conversões de energia reais (CA para CC e CC para CA), o inversor em cascata necessita de fontes CC separadas. A estrutura de fontes separadas de corrente contínua é adequada para várias fontes de energia renováveis, como as células de combustível, a energia fotovoltaica, a biomassa, etc. Não é possível ligar fontes de corrente contínua separadas entre dois conversores de forma back-to-back porque será introduzido um curto-circuito quando dois conversores back-to-back não estiverem a comutar de forma síncrona.

Em resumo, as vantagens e desvantagens do conversor de fonte de tensão multinível baseado no inversor em cascata podem ser enumeradas a seguir.

2.3.3 Vantagens e desvantagens do CMLI

Vantagens:

1. A regulação dos barramentos CC é simples. A modularidade do controlo pode ser alcançada. Ao contrário do inversor com pinça de díodo e do inversor com pinça de condensador, em que os segmentos de fase individuais devem ser modulados por um controlador central, os inversores de ponte completa de uma estrutura em cascata podem ser modulados separadamente.

2. Requer o menor número de componentes entre todos os conversores multinível para atingir o mesmo número de níveis de tensão.

3. a comutação suave pode ser utilizada nesta estrutura para evitar os volumosos e com perdas resistências-capacitores- díodos de proteção.

Desvantagens:

1. A comunicação entre as pontes completas é necessária para conseguir a sincronização das formas de onda da referência e da portadora.

2. Necessita de fontes de corrente contínua separadas para conversões de potência real, pelo que as suas aplicações são algo limitadas.

CAPÍTULO 3

TÉCNICAS DE MODULAÇÃO PARA INVERSORES MULTINÍVEL

3.1 Uma definição de modulação:

Os conversores electrónicos de potência funcionam principalmente em "modo comutado". O que significa que os interruptores dentro do conversor estão sempre num dos dois estados - desligados (sem fluxo de corrente) ou ligados (saturados com apenas uma pequena queda de tensão através do interrutor). Qualquer operação na região linear, para além da inevitável transição de condutor para não-condutor, incorre numa perda indesejável de eficiência e num aumento insuportável da dissipação de potência do interrutor. Para controlar o fluxo de energia no conversor, os interruptores alternam entre estes dois estados (ou seja, ligado e desligado). Isto acontece com rapidez suficiente para que os indutores e condensadores nos nós de entrada e saída do conversor façam a média ou filtrem o sinal comutado. A componente comutada é atenuada e a componente CC ou CA de baixa frequência desejada é mantida. Este processo é designado por Modulação por Largura de Impulso (PWM), uma vez que o valor médio desejado é controlado através da modulação da largura dos impulsos.

Para uma atenuação máxima da componente de comutação, a frequência de comutação fc deve ser muitas vezes superior à frequência da componente CA fundamental desejada fl vista nos terminais de entrada ou de saída. Em grandes conversores, isto está em conflito com um limite superior colocado na frequência de comutação pelas perdas de comutação. Para os conversores GTO, a relação entre a frequência de comutação e a frequência fundamental fc/fl (= N, o número de impulsos) pode ser tão baixa como a unidade, o que é conhecido como comutação de onda quadrada. Outra aplicação em que o número de impulsos pode ser baixo é em conversores que são melhor descritos como amplificadores [39], cuja frequência fundamental de saída superior pode ser relativamente elevada. Estes amplificadores de modo de comutação de alta potência encontram aplicação na filtragem de potência ativa [40], na geração de sinais de ensaio [41], em servo [42] e em amplificadores de áudio [43]. Estes números de impulsos baixos exigem uma modulação eficaz para reduzir ao máximo a distorção.

Os baixos números de impulsos exigem uma modulação eficaz para reduzir a distorção tanto quanto possível. Nestas circunstâncias, os conversores multinível podem reduzir substancialmente a distorção, escalonando os instantes de comutação dos múltiplos comutadores e aumentando o número de impulsos aparentes do conversor global.

3.2 Técnicas de PWM:

Os métodos fundamentais de modulação por largura de impulsos (PWM) dividem-se em métodos tradicionais de fonte de tensão e métodos regulados por corrente. Os métodos de fonte de tensão prestam-se mais facilmente à implementação num processador de sinais digitais (DSP) ou num dispositivo lógico programável (PLD). No entanto, os controlos de corrente dependem normalmente da programação de eventos e são, por conseguinte, implementações analógicas que só podem funcionar de forma fiável até um determinado nível de potência. Nos métodos discretos regulados por corrente, o desempenho harmónico não é tão bom como o dos métodos com fonte de tensão. Um exemplo de método PWM é descrito a seguir.

Tensão de saída do inversor, VA0= Vdc/2, quando Vcontrol>vtri, e VA0 = -Vdc/2, quando Vcontrol<vtri .A frequência PWM é a mesma que a frequência de vtri. A amplitude é controlada pelo valor de pico de Vcontrol e a frequência fundamental é controlada pela frequência de Vcontrol. O índice de modulação (m) é dado por:

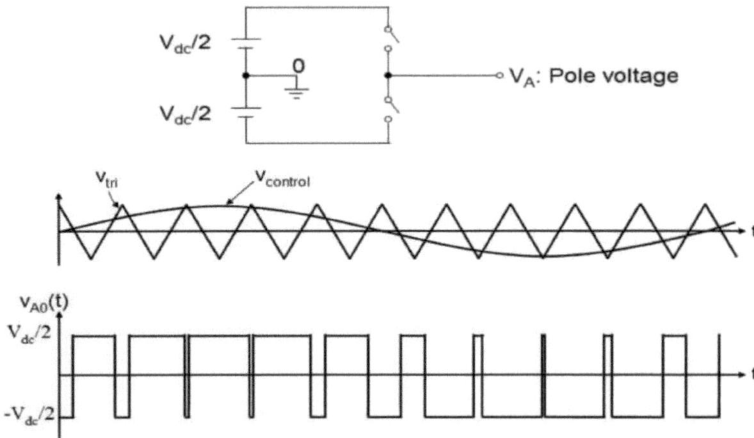

Fig. 3.1 Modulação por largura

$$m = \frac{V_{control}}{V_{tri}} = \frac{peak\ of\ (V_{A0})_1}{V_{dc}/2},$$

Em que $(V_{A0})_1$ é a componente de frequência fundamental de VA0

3.2.1 Métodos de fonte de tensão:

A modulação por fonte de tensão tomou dois caminhos principais: a modulação por triângulo sinusoidal no domínio do tempo e a modulação por vetor espacial no quadro de referência estacionário q-d. A modulação por triângulo sinusoidal e a modulação por vetor espacial são exatamente equivalentes em todos os aspectos. O ajuste de alguns parâmetros no esquema de triângulo sinusoidal (como a forma do triângulo e os harmónicos da onda sinusoidal) é equivalente ao ajuste de outros parâmetros no esquema de vetor espacial (como a sequência de comutação e o tempo de espera). A tensão linha-terra do inversor pode ser diretamente controlada através do estado de comutação. Para um inversor específico, o estado de comutação é dividido em sinais de transístor. No entanto, como objetivo de controlo, é mais desejável regular as tensões linha-neutro da carga. Num sistema trifásico, os termos comuns incluem o desvio dc e quaisquer harmónicos triplos.

Os esquemas de modulação baseados em portadoras para inversores multinível podem ser classificados em duas categorias: modulações com deslocamento de fase e modulações com deslocamento de nível. Ambos os esquemas de modulação podem ser aplicados aos inversores com pinça de díodo. A THD da modulação com deslocamento de fase é muito mais elevada do que a modulação com deslocamento de nível. Por conseguinte, considerámos a modulação com deslocamento de nível. Um inversor CHB de nível m que utilize um esquema de modulação multicarrier com deslocamento de nível requer (m-1) portadoras triangulares, todas com a mesma frequência e amplitude. As (m-1) portadoras triangulares estão dispostas verticalmente de modo a que as bandas que ocupam sejam contíguas. Existem três estratégias alternativas de PWM com diferentes relações de fase para a modulação multicarrier com deslocamento de nível.

(1) . Disposição em fase (IPD), em que todas as formas de onda da portadora estão em fase.

(2) . Disposição de oposição de fase (POD), em que todas as formas de onda portadoras acima da referência zero estão em fase e estão 180 graus fora de fase com as que estão abaixo de zero.

(3) . Alternate Phase Opposition Disposition (APOD), em que cada forma de onda da portadora está desfasada da portadora vizinha em 180deg.

(a) Disposição em fase (IPD):

No presente trabalho, na implementação baseada em portadora, é utilizado o esquema PWM de disposição de fase. A Figura 3.4 demonstra o método seno-triângulo para um inversor de três níveis. Nela, o sinal de modulação de fase a é comparado com duas (n-1 em geral) formas de onda triangulares.

As regras para o método de disposição em fase, quando o número de níveis N = 3, são:

1. As formas de onda das portadoras N -1 = 3-1=2 estão dispostas de modo a que cada portadora esteja em fase.

2. O conversor é comutado para +Vdc/ 2 quando a referência é superior a ambas as formas de onda portadoras.

3. O conversor é comutado para zero quando a referência é maior do que a forma de onda portadora inferior mas menor do que a forma de onda portadora superior.

4. O conversor é comutado para - Vdc/ 2 quando a referência é inferior a ambas as formas de onda portadoras.

Na implementação baseada na portadora, em cada instante de tempo os sinais de modulação são comparados com a portadora e, dependendo do que for maior, são gerados os impulsos de comutação.

Neste esquema de modulação, todos os sinais portadores estão em fase, mas estão deslocados verticalmente, como mostra a figura. Mas para cada fase do inversor, o sinal da portadora deve ser deslocado em fase de forma igual à deslocação do sinal de referência.

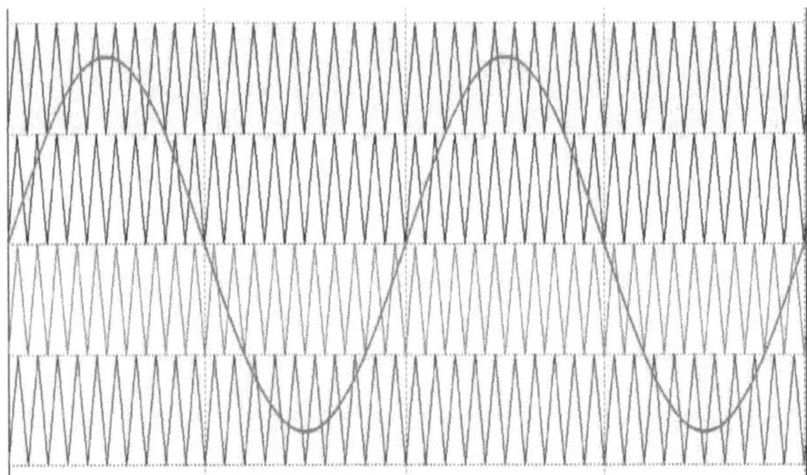

Fig-3.2 Simulação de IPD

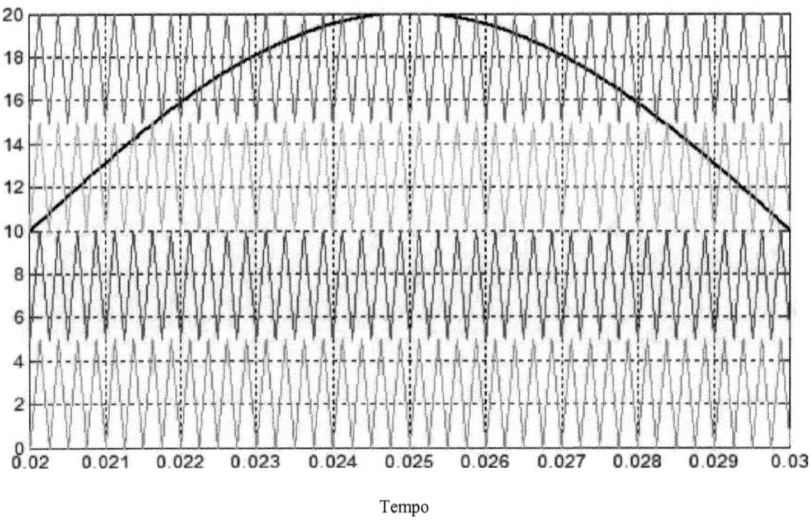

Tempo

Fig-3.3 Resultados da simulação do IPD

(b) Fase de Oposição de Disposição (POD):

Para a modulação por oposição de fase (POD), todas as formas de onda da portadora acima da referência zero estão em fase e estão 180 graus fora de fase com as que estão abaixo de zero. As regras para o método de disposição por oposição de fase, quando o número de níveis N = 3, são

1. As N -1 = 2 formas de onda portadoras estão dispostas de modo a que todas as formas de onda portadoras acima de zero estejam em fase e 180 graus fora de fase em relação às formas de onda portadoras abaixo de zero.

2. O conversor é comutado para + Vdc / 2 quando a referência é superior a ambas as formas de onda portadoras.

3. O conversor é comutado para zero quando a referência é maior do que a forma de onda portadora inferior mas menor do que a forma de onda portadora superior.

4. O conversor é comutado para - Vdc / 2 quando a referência é inferior a ambas as formas de onda portadoras.

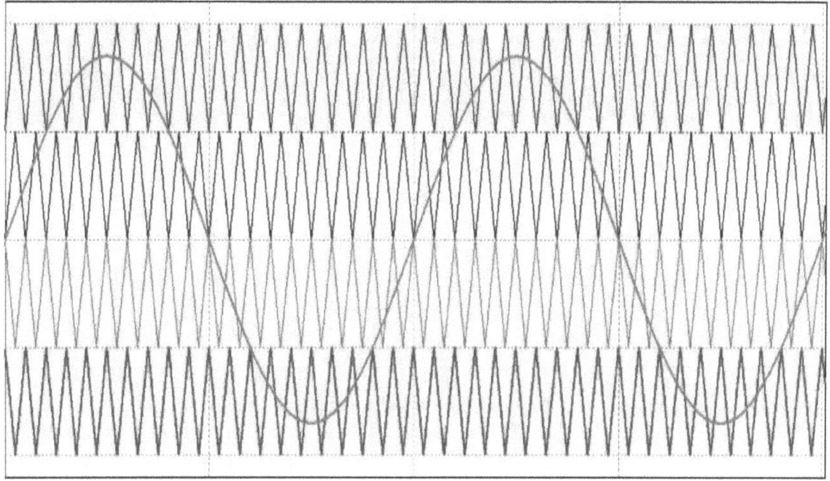

Fig-3.4 simulação de POD

(c) Disposição de oposição em fase alternativa (APOD)

No caso da modulação APOD (Alternate Phase Opposition Disposition), cada forma de onda da portadora está desfasada da portadora vizinha em 180 graus. Uma vez que os esquemas APOD e POD no caso de inversores de três níveis são os mesmos, considera-se um inversor de cinco níveis para discutir o esquema APOD.

As regras para o método APOD, quando o número de níveis N = 5, são

1. As N - 1 = 4 formas de onda portadoras estão dispostas de modo a que cada forma de onda portadora esteja desfasada da sua portadora vizinha em 180deg . O conversor comuta

para + Vdc / 2 quando a referência é superior a todas as formas de onda portadoras.

2. O conversor comuta para Vdc / 4 quando a referência é inferior à forma de onda da portadora mais elevada e superior a todas as outras portadoras.

3. O conversor comuta para 0 quando a referência é inferior à forma de onda das duas portadoras mais elevadas e superior às duas portadoras mais baixas.

4. O conversor comuta para - Vdc / 4 quando a referência é superior à forma de onda da portadora mais baixa e inferior a todas as outras portadoras.

5. O conversor comuta para -Vdc / 2 quando a referência é inferior a todas as formas de onda portadoras.

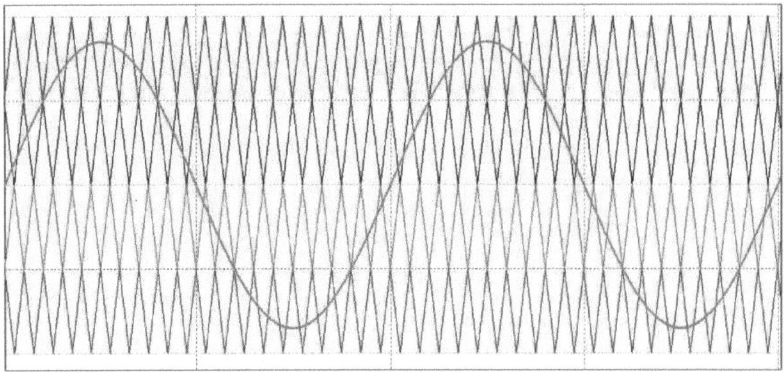

Fig-3.5 simulação de APOD

(D) Disposição de oposição de fase com frequência variável:

Nesta técnica PWM, estão a ser utilizadas duas bandas de portadoras com frequências diferentes. A banda exterior de portadoras tem menos frequência do que a banda interior de portadoras, como mostra a figura.

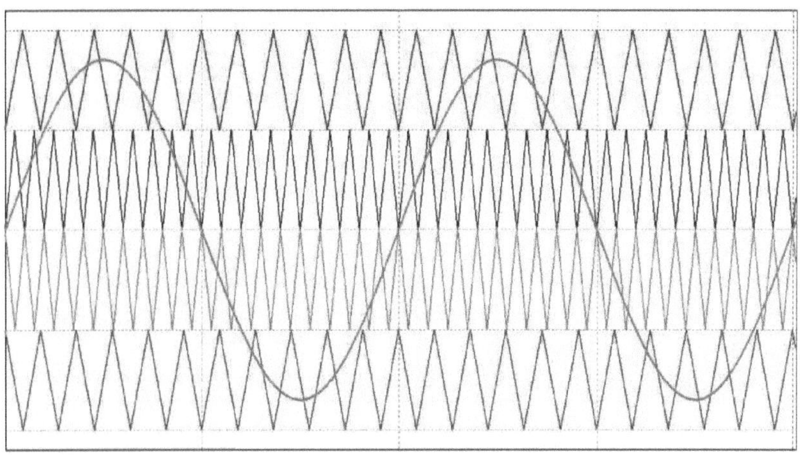

Fig-3.6 Simulação do PODF

(III) Aplicação discreta:

Uma caraterística atractiva dos métodos PWM com fonte de tensão é o facto de poderem ser facilmente implementados num controlo DSP/PLD. Num método de domínio do tempo por fase para implementar PWM num sistema de tempo discreto, o ciclo de funcionamento da fase modificada é apresentado juntamente com a saída do estado de comutação do modulador. Em cada momento, o ciclo de funcionamento da fase é atualizado com base na magnitude e na fase das tensões comandadas. Num sistema DSP, são calculados valores discretos do ciclo de funcionamento que são representados por pontos. Isto cria um efeito de retenção de ordem zero que é negligenciável se a frequência de comutação for grande em comparação com as alterações no ciclo de funcionamento. Para programar as transições de estado de comutação durante o período de comutação, são determinados os níveis de tensão inferior e superior mais próximos. Em seguida, um tempo de comutação para cada fase é determinado com base na proximidade do nível inferior por cálculos diretos. Como pode ser visto, o tempo de comutação t irá variar de zero a 100% do período de comutação e é o tempo que deve ser gasto no nível superior. O passo final é a programação das transições de comutação. O impulso é justificado à esquerda no período de comutação, começando no nível superior e passando para o nível inferior. Normalmente, os níveis mais próximos e os tempos de comutação para cada fase são calculados num DSP. Esta informação é depois transferida para um PLD que funciona com uma frequência de relógio mais elevada e pode efetuar as transições do estado de comutação numa escala de tempo de nanossegundos. Numa implementação prática, os relógios do DSP e do PLD são ligados entre si por um circuito PLD que divide o seu relógio e envia um sinal de relógio para o DSP na escala de tempo de microssegundos. Para além do efeito de retenção de ordem zero, existe um efeito de atraso de uma amostra que é causado pelo facto de o DSP demorar algum tempo a determinar os níveis e os tempos de comutação. O ciclo de funcionamento calculado (indicado pelos pontos discretos) é utilizado no período de comutação, causando um desfasamento entre o ciclo de funcionamento e o estado de comutação. Este efeito é negligenciável para frequências de comutação elevadas.

São necessários alguns comentários para mostrar a equivalência entre a implementação discreta e os métodos do triângulo sinusoidal e SVM. O estado de comutação começaria no nível superior e transitaria para o nível inferior no momento apropriado. Obtém-se um padrão de comutação idêntico no método do triângulo sinusoidal, utilizando uma forma de onda dente-de-serra em vez de uma forma de onda triangular. Da mesma forma, deslocar os impulsos para o lado direito do período de comutação (uma transição do nível inferior para o nível superior) seria equivalente a utilizar uma forma de onda em dente de serra invertida. Se os impulsos estiverem centrados no período de comutação, o resultado é o mesmo que o da utilização de uma forma de onda triangular. Uma vez que os métodos do triângulo sinusoidal e discreto são ambos realizados por fase e no domínio do tempo, a sua equivalência é facilmente compreendida. A equivalência com o SVM pode ser vista através da criação de um gráfico dos estados de comutação para as três fases. A sequência pode ser invertida na implementação discreta, mudando para a justificação correta. A equivalência destes métodos é muito mais complexa, incluindo a adição de harmónicas aos ciclos de funcionamento no método do triângulo sinusoidal ou a alteração dos tempos de espera no método SVM. Pode ver-se que o método discreto aqui apresentado se baseia no cálculo direto dos ciclos de funcionamento, pelo que não é necessário definir formas de onda triangulares ou vectores de tensão. No entanto, a modulação triangular sinusoidal é útil na medida em que pode fornecer um método direto de descrição da modulação multinível.

3.2.2 Requisitos comuns das técnicas PWM:

Todas as técnicas PWM de baixo número de impulsos devem respeitar o sincronismo com a frequência fundamental e a simetria de quarto e meia onda. O sincronismo com a frequência fundamental significa garantir que a frequência de comutação fc é um múltiplo inteiro da frequência fundamental sintetizada fl. Ou seja, o número de impulsos $N = $ fc/fl deve ser um número inteiro exato. O espetro de frequência da forma de onda PWM consistirá então em frequências discretas em múltiplos da frequência fundamental nfl, em que n é um número inteiro. A simetria de quarto de onda e de meia onda garante que não existirão harmónicas pares no espetro de saída [44]. Isto pode ser conseguido escolhendo N ímpar. Uma harmónica par importante que é eliminada é a componente DC. Não existirão componentes de frequência abaixo da frequência fundamental (normalmente designadas por sub-harmónicas). Isto é importante, uma vez que uma componente harmónica indesejada perto da frequência zero pode causar o fluxo de grandes correntes em cargas indutivas.

3.3 Técnicas de PWM baseadas em portadora. (Relações entre as formas de onda fundamental e portadora):

A frequência da portadora é a mesma que a frequência do comutador. Se a modulação fosse reduzida a zero ou a uma quantidade DC, então o espetro PWM consistiria apenas na portadora e nas suas harmónicas e no componente a frequência zero (DC), se presente. À medida que a amplitude da forma de onda modulante é aumentada, surgem bandas laterais que aumentam de amplitude em ambos os lados da portadora e das suas harmónicas. À medida que a frequência da forma de onda modulante é aumentada, as bandas laterais afastam-se da frequência portadora central.

Conforme mencionado, a frequência da portadora deve ser síncrona, ou seja, um múltiplo inteiro da frequência fundamental, se o número de impulsos for baixo (digamos N < 21). Um múltiplo ímpar garante a simetria da meia onda e do quarto de onda e, por conseguinte, a ausência de harmónicos pares no espetro da portadora. Se o mesmo sinal de portadora for utilizado para gerar todos os sinais PWM das pernas trifásicas num inversor trifásico, os termos espectrais da portadora nos sinais das pernas de fase também serão idênticos (mostrado na figura 3.16). Assim, os termos espectrais da portadora (mas não as bandas laterais da portadora ou os termos de modulação) serão cancelados nas formas de onda fase a fase. Isto é verdade independentemente do número de impulsos N.

Embora a relação de fase entre as formas de onda modulante e portadora possa ser arbitrária, sugere-se que os declives da portadora triangular e da forma de onda modulante, se de carácter sinusoidal, sejam de polaridade oposta nos cruzamentos de zero coincidentes, especialmente para N baixo. Isto tem vantagens práticas de implementação, preservando a precisão dos bordos em implementações analógicas e facilitando a transição entre diferentes números de impulsos em sistemas em que isto pode mudar durante o funcionamento. Além disso, esta diferença de fase de 180 graus (fase relativa ao período da portadora) resulta na minimização das perdas harmónicas numa carga indutiva.

Esta relação de 180 graus fora de fase só pode existir para N ímpares. Além disso, a redução das perdas harmónicas devido a uma relação de fase específica entre a função de modulação e a portadora só é significativa para N ímpares. Para obter esta relação de fase num inversor trifásico para todas as três fases, é necessário que N seja um múltiplo ímpar de três (N = 3, 9, 15, 21 ...), se a mesma portadora tiver de ser utilizada para todas as três fases para obter o cancelamento da portadora na saída fase-fase.

Num conversor multinível com um número de impulsos inteiro, apenas uma portadora pode satisfazer este requisito, uma vez que as outras portadoras estão normalmente deslocadas de fase em relação a ela. No entanto, se for utilizado um número de impulsos síncronos não inteiro (ou seja, uma fração mista como N = *21/4*) num conversor multinível, esta relação de fase volta a ser válida.

3.4 Conclusão

Os conversores multinível podem conseguir um aumento efetivo da frequência global de comutação através do cancelamento dos termos de frequência de comutação de ordem mais baixa. Este capítulo explicou diferentes tipos de técnicas de modulação PWM baseadas em portadoras. O método PWM é vantajoso para controlar a tensão de saída e reduzir os harmónicos.

Capítulo 4

Nova Topologia de Inversor Multinível

4.1 Diagrama de blocos da topologia proposta:

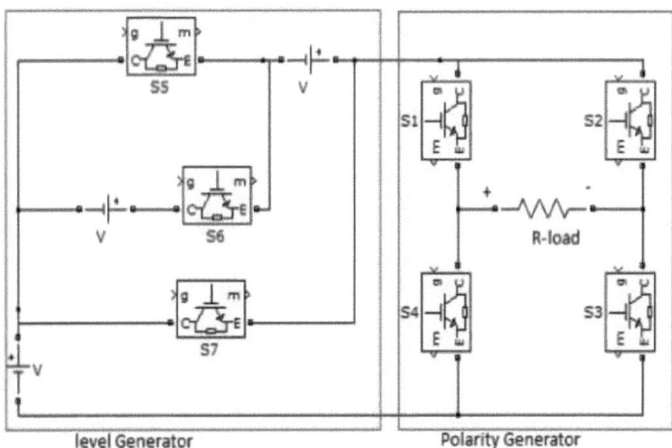

Fig 4.1 Diagrama de blocos da topologia proposta

A topologia proposta foi desenvolvida e pode produzir uma tensão de saída de sete níveis com um número reduzido de interruptores do que as topologias multinível convencionais. A Fig. 1 mostra o diagrama de blocos da topologia proposta. O diagrama de blocos contém duas partes: 1. Gerador de níveis 2. Gerador de polaridade. O gerador de níveis produz os níveis necessários. Estes níveis são convertidos em níveis positivos e negativos pelo gerador de polaridade.

4.2 Funcionamento da topologia proposta:

Este inversor multinível gera sete níveis de tensão de saída: (3V), (2V), V, 0, -(3V), - (2V), -V.

Nível 1, (V): Os interruptores S7, S1, S3 são ligados e os outros interruptores são mantidos no estado desligado. A tensão V aparece através da carga com a mesma polaridade. O circuito equivalente é apresentado na figura seguinte.

Nível 2, (2V): Os interruptores S5, S1, S3 são ligados e os outros interruptores são mantidos no estado desligado. Como o interrutor S5 liga as duas fontes em série, a combinação em série das fontes de tensão (2V) atravessa a carga com a mesma polaridade. O circuito equivalente é apresentado na figura seguinte.

29

Nível 3, (3 V): Os interruptores S6, S1 e S3 são ligados e os outros interruptores são mantidos no estado desligado. Como o interrutor S6 liga as três fontes em série, a combinação em série das fontes de tensão (3V) atravessa a carga com a mesma polaridade. O circuito equivalente é apresentado na figura seguinte.

Nível 4, (0): Este nível pode ser gerado de duas maneiras.

Caso 1: Os interruptores S1 e S2 são ligados e os outros interruptores são mantidos no estado desligado. O terminal de polaridade positiva da carga é ligado ao terminal negativo da carga através dos interruptores S1 e S2. O circuito equivalente é apresentado na figura seguinte.

Caso 2: Os interruptores S3, S4 são colocados em ON e os outros interruptores são mantidos em OFF. O terminal de polaridade positiva da carga é ligado ao terminal negativo da carga através dos interruptores S4 e S3. O circuito equivalente é apresentado na figura seguinte.

Nível 5, (-V): Os interruptores S7, S2, S4 são ligados e os outros interruptores são mantidos no estado desligado. A tensão V aparece através da carga com polaridade oposta. O circuito equivalente é apresentado na figura seguinte.

Nível 6, (-2V): Os interruptores S5, S2, S4 são ligados e os outros interruptores são mantidos no estado desligado. Como o interrutor S5 liga as duas fontes em série, a combinação em série das fontes de tensão (2V) atravessa a carga com polaridade oposta. O circuito equivalente é apresentado na figura seguinte.

Nível 7, (-3V): Os interruptores S6, S2, S4 são colocados em ON e os outros interruptores são mantidos em OFF. Como o interrutor S6 liga as três fontes em série, a combinação em série das fontes de tensão (3V) atravessa a carga com polaridade oposta. O circuito equivalente é apresentado na figura seguinte

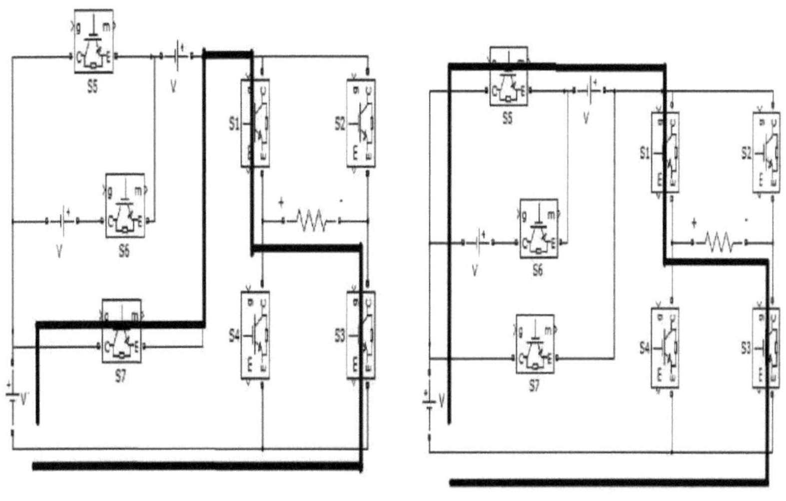

Nível 1 (V)   **Nível 2 (2V)**

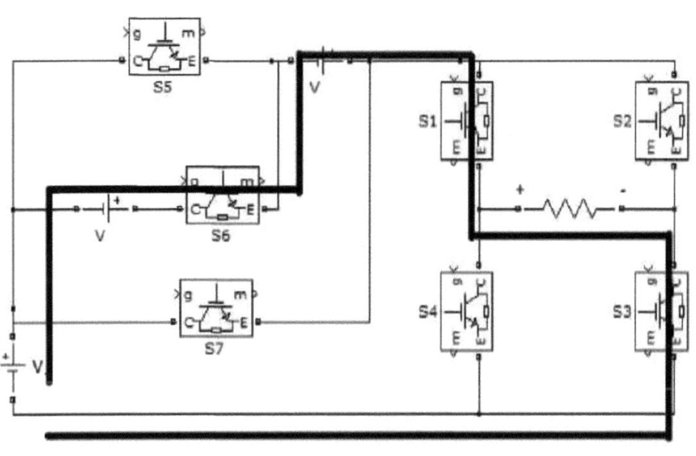

Nível 3 (3 V)

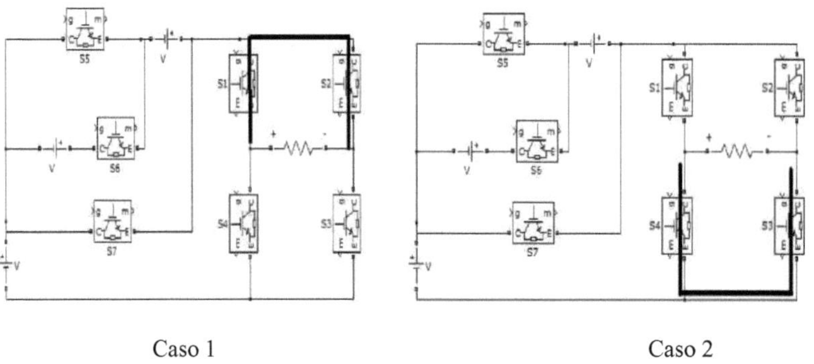

Caso 1   Caso 2

Nível 4 (0)

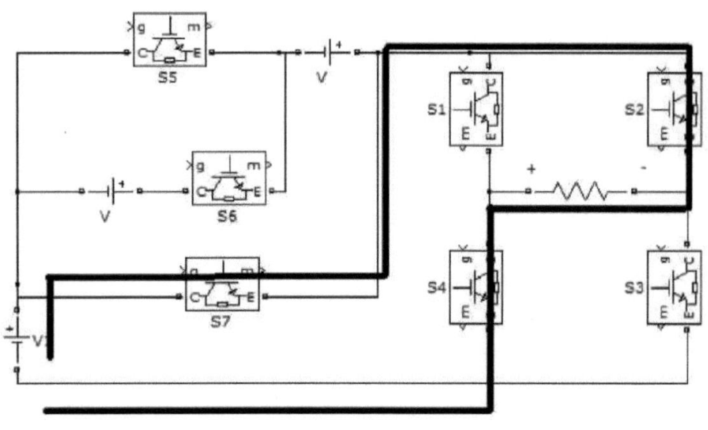

Nível 5 (-V)

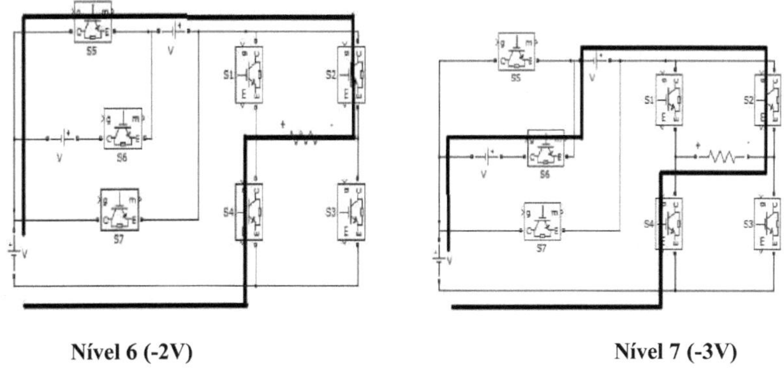

Nível 6 (-2V)   **Nível 7 (-3V)**

Fig 4.2 Funcionamento da topologia proposta

4.3 Nova modulação PWM multinível:

Três sinais de referência (Vrefl, Vref2,Vref3) são comparados com um sinal de portadora (Vcarrier) para gerar sinais de gating PWM. As frequências dos sinais de referência são iguais à frequência da linha e as amplitudes de todos os sinais de referência são iguais. Estão em fase uns com os outros, com um valor de desvio igual à amplitude do sinal da portadora. Três sinais de referência são comparados com o sinal da portadora. Se o primeiro sinal de referência exceder o pico do sinal da portadora, então o segundo sinal de referência toma a vez e é comparado com o sinal da portadora até exceder o pico do sinal da portadora. O próximo passo será dado pelo terceiro sinal de referência, que é comparado com o sinal da portadora até atingir zero. Depois de o terceiro sinal de referência chegar a zero, imediatamente o segundo sinal de referência toma a direção de volta até chegar a zero e o primeiro sinal de referência é comparado com o sinal da portadora. Os três estados são mostrados abaixo, 01 a 04 são apresentados na Fig. 4.3.

Statel: $0 <\omega t< \theta 1$ e $\theta 4 <\omega t< \pi$

Estado2: $\theta 1\ 1 <\omega t< \theta\ 2$ e $03 < \theta 4$

Estado3: $\theta\ 2 <\omega t< \theta 3$

Para um índice de modulação superior a 0,66, a deslocação do ângulo de fase é dada por

$\theta 1 = \sin(Am\ /\ Ac)$,

$\theta 2 = \sin(Am\ /Ac\ 2)$,

$\theta 3 = \pi - \theta 2$,

$\theta 4 = \pi - \theta 1$.

Onde Ac é a amplitude do sinal da portadora, Am é a amplitude do sinal de referência. O padrão de comutação adotado neste inversor proposto e os níveis de tensão de acordo com as condições de ligar e desligar são mostrados abaixo na Fig. 4.3 A Fig. 4.4 mostra os sinais de decisão gerados pelos comparadores. Fig. 4.5 Os sinais PWM necessários são gerados utilizando estes sinais de decisão.

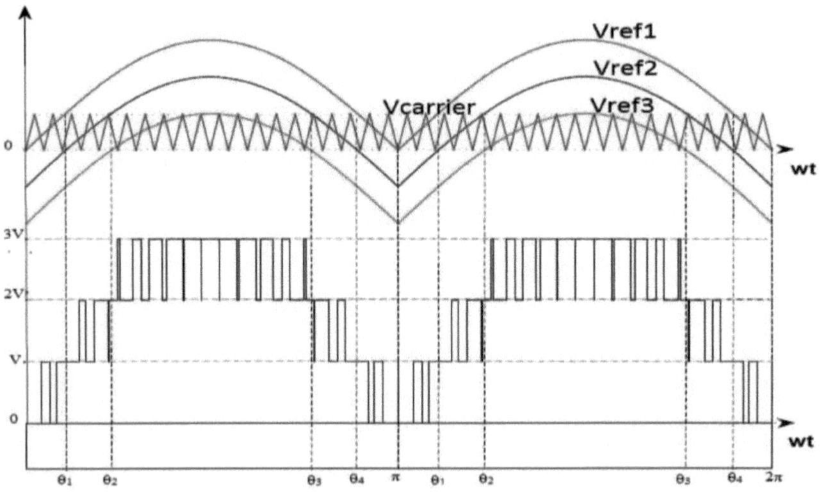

Fig 4.3. Técnica de PWM multinível

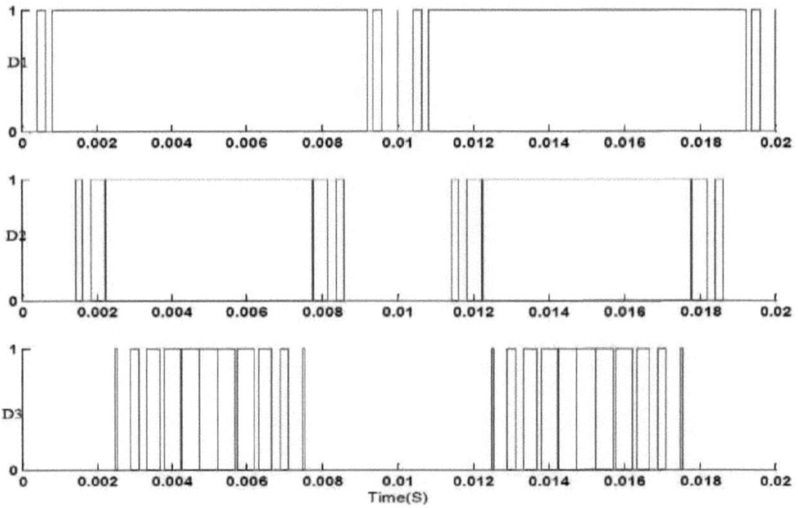

Fig. 4.4. Sinais de decisão gerados pelos comparadores

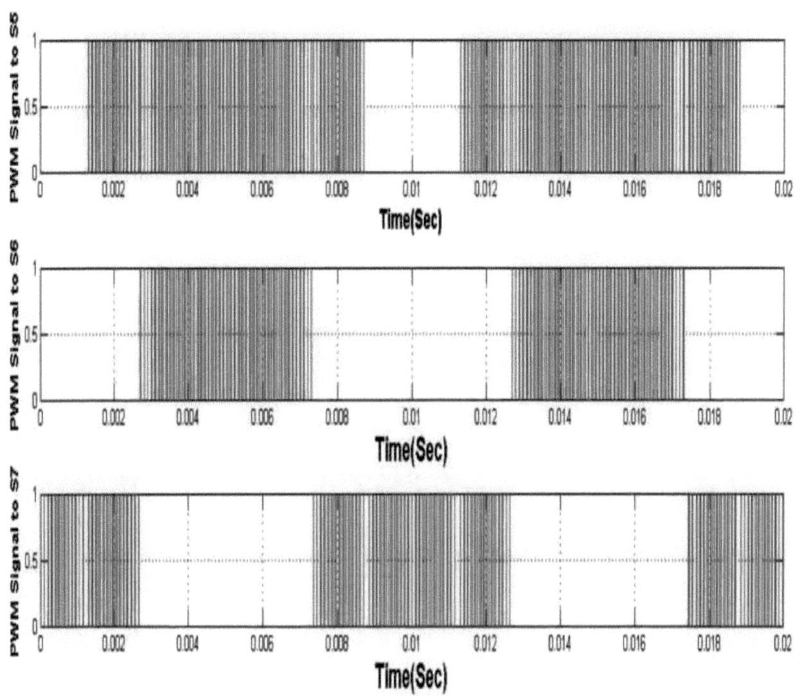

Fig. 4.5. Sinais de controlo PWM para geradores de nível

Capítulo 5

Nova topologia de inversor multinível -2

5.1 Diagrama de blocos da topologia proposta:

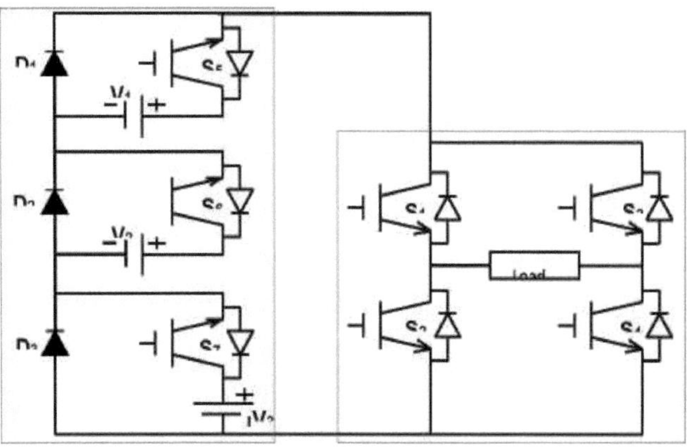

Fig. 5.1 Diagrama de blocos da topologia proposta.

A topologia proposta pode produzir uma tensão de saída de quinze níveis com redução do componente de comutação. A Fig. 1. representa o diagrama de blocos da topologia proposta. Esta é composta por duas partes: 1. Gerador de nível 2. Gerador de polaridade. O gerador de níveis inicia os níveis necessários. Estes níveis gerados são transformados em níveis positivos (+ve) e negativos (-ve) pelo gerador de polaridade

5.2 Funcionamento da topologia proposta:

O inversor multinível proposto gera tensões de saída de quinze níveis, a saber: (V1), (V2), (V1+V2), (V3), (V1+V3), (V2+V3), (V1+V2+V3), 0, (-V1), (-V2), (-V3), (-(V1+V2)), (-(V1+V3), (-(V2+V3)), (-(V1+V2+V3))

Nível 1, (V1): Os interruptores S1, S4 e S5 recebem impulsos de porta e os outros interruptores ficam sem impulsos de porta. A tensão V1 aparece através da carga com a mesma polaridade. O percurso da corrente é de V1(+) - S5 - S1 - S4 - D3 - D2 - V1(-).

Nível 2, (V2): Os interruptores S1, S4 e S6 recebem impulsos de porta e os outros interruptores ficam sem impulsos de porta. A tensão V2 aparece através da carga com a mesma polaridade. O percurso da corrente é de V2(+) - S6 - D1 - S1 - S4 - D3 - V2(-).

Nível 3, (V1+V2): Os interruptores S1, S4, S5 e S6 recebem impulsos de porta e os outros interruptores ficam sem impulsos de porta. A tensão V1+V2 aparece através da carga com a mesma polaridade. O percurso da corrente é de V2(+) - S6 - V1 - S5 - S1 - S4 -V2(-).

Nível 4, (V3): Os interruptores S1, S4 e S7 recebem impulsos de porta e os outros interruptores ficam sem impulsos de porta. A tensão V4 aparece através da carga com a mesma polaridade. O percurso da corrente é de V3(+) - S7 - D2 - D1 - S1 - S4 -V3(-).

Nível 5, (V1+V3): Os interruptores S1, S4, S5 e S7 recebem impulsos de porta e os outros interruptores ficam sem impulsos de porta. A tensão V1+V3 aparece através da carga com a mesma polaridade. O percurso da corrente é de V3(+) - S7 - D2 - V1 - S5 - S1 - S4 - V3(-).

Nível 6, (V2+V3): Os interruptores S1, S4, S6 e S7 recebem impulsos de porta e os outros interruptores ficam sem impulsos de porta. A tensão V2+V3 aparece através da carga com a mesma polaridade. O percurso da corrente é de V3(+) - S7 - V2 - S6 - D1 - S1 - S4 - V3(-).

Nível 7, (V1+V2+V3): Os interruptores S1,S4,S5,S6,S7 recebem impulsos de porta e os outros interruptores ficam sem impulsos de porta. A tensão V1+V2+V3 aparece através da carga com a mesma polaridade. O percurso da corrente é de V3(+) - S7 - V2 - S6 - V1 - S5 - S1 - S4 - V3(-
).

Nível 8, (-V1): Os interruptores S2, S3 e S5 recebem impulsos de porta e os outros interruptores ficam sem impulsos de porta. A tensão V1 aparece através da carga com polaridade oposta. O percurso da corrente é de V1(+) - S5 - S3 - S2 - D3 - D2 - V1(-).

Nível 9, (-V2): Os interruptores S2, S3 e S6 recebem impulsos de porta e os outros interruptores ficam sem impulsos de porta. A tensão V2 aparece na carga com polaridade oposta. O percurso da corrente é de V2(+) - S6 - D1 - S3 - S2 - D3 - V2(-).

Nível 10, (-(V1+V2)): Os interruptores S2,S3,S5,S6 recebem impulsos de porta e os outros interruptores ficam sem impulsos de porta. A tensão V1+V2 aparece através da carga com polaridade oposta. O percurso da corrente é de V2(+) - S6 - V1 - S5 - S3 - S2 -V2(-).

Nível 11, (-V3): Os interruptores S2, S3 e S7 recebem impulsos de porta e os outros interruptores ficam sem impulsos de porta. A tensão V3 aparece na carga com polaridade oposta. O percurso da corrente é de V3(+) - S7 - D2 - D1 - S3 - S2 -V3(-).

Nível 12, (-(V1+V3)): Os interruptores S2,S3,S5,S7 recebem impulsos de porta e os outros interruptores ficam sem impulsos de porta. A tensão V1+V3 aparece através da carga com polaridade oposta. O percurso da corrente é de V3(+) - S7 - D2 - V1 - S5 - S3 - S2 -V3(-).

Nível 13, (-(V2+V3)): Os interruptores S2,S3,S6,S7 recebem impulsos de porta e os outros interruptores ficam sem impulsos de porta. A tensão V2+V3 aparece através da carga com polaridade oposta. O percurso da corrente é de V3(+) - S7 - V2 - S6 - D1 - S3 - S2 -V3(-).

Nível 14, (-(V1+V2+V3)): Os interruptores S1,S4,S5,S6,S7 recebem impulsos de porta e os outros interruptores ficam sem impulsos de porta. A tensão V1+V2+V3 aparece através da carga com polaridade oposta. O percurso da corrente é de V3(+) - S7 - V2 - S6 - V1 - S5 - S3 - S2 -V3(-).

Estado	Comutadores de condução	Tensão
1	S1,S4,S5	V1
2	S1,S4,S6	V2
3	S1,S4,S5,S6	V1+V2
4	S1,S4,S7	V3
5	S1,S4,S5,S7	V1+V3
6	S1,S4,S6,S7	V2+V3
7	S1,S4,S5,S6,S7	V1+V2+V3
8	S2,S3,S5	-V1
9	S2,S3,S6	-V2
10	S2,S3,S5,S6	-(V1+V2)
11	S2,S3,S7	-V3
12	S2,S3,S5,S7	-(V1+V3)
13	S2,S3,S6,S7	-(V2+V3)
14	S2,S3,S5,S6,S7	(V1+V2+V3)

QUADRO. II. COBINAÇÕES DE COMUTAÇÃO PARA O INVERSOR DE 15 NÍVEIS

5.3 RESULTADOS DA SIMULAÇÃO:

O MLI assimétrico proposto e a sequência de comutação PWM são verificados no software MATLAB/Simulink. A Fig. 13 e a Fig. 14 mostram as formas de onda da tensão de carga e da corrente de carga da topologia de inversor de quinze níveis proposta a um índice de modulação de M = 0,9.

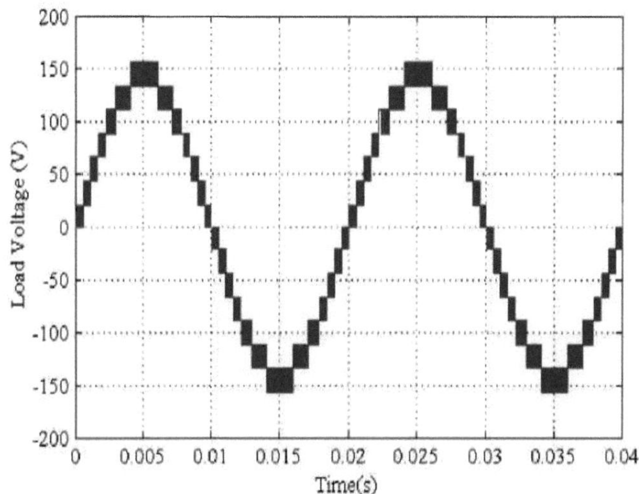

Fig.5.2.Forma de onda de tensão de quinze níveis sem filtro com um índice de modulação de 0,9.

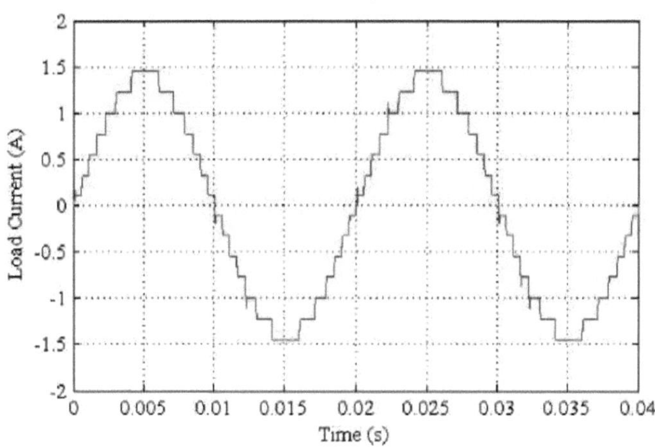

Fig.5.3. Forma de onda da corrente de carga de quinze níveis sem filtro no índice de modulação de 0,9.

Comparação entre a nova topologia e a topologia convencional:

Multinível Inversor	NPC	Condensador voador	Em cascata	Topologia-1	Topologia-2
Interruptores principais	12	12	12	7	7
Díodos principais	12	12	12	7	3
Condensadores de barramento Dc	6	6	3	3	3
Total Componentes	30	30	27	17	13

Tabela 2. Comparação entre a nova topologia e a topologia convencional:

5.3 Conclusão:

O principal inconveniente do inversor multinível convencional é a necessidade de um maior número de componentes de comutação, o que resulta em perdas de comutação elevadas e no custo elevado dos circuitos de impulsos de porta, bem como na baixa eficiência devido a perdas de comutação elevadas.

CAPÍTULO 6

CONCLUSÃO E TRABALHO FUTURO

6.1 CONCLUSÃO:

Esta tese apresentou um breve resumo das topologias de circuitos de inversores multinível. Cada MLI tem a sua própria mistura de vantagens e desvantagens e, para qualquer aplicação específica, uma topologia será mais adequada do que as outras. Muitas vezes, as topologias são escolhidas com base no que foi feito antes, mesmo que essa topologia possa não ser a melhor escolha para a aplicação. As vantagens do corpo de investigação e da familiaridade no seio da comunidade de engenheiros podem superar outras desvantagens técnicas. Os conversores multinível podem alcançar um aumento efetivo na frequência global de comutação através do cancelamento dos termos de frequência de comutação de ordem mais baixa. Conforme discutido no Capítulo 2, entre as topologias de conversores multinível, a CMC é a alternativa mais promissora para aplicações industriais.

No terceiro capítulo, analisámos diferentes tipos de técnicas de modulação PWM baseadas em portadoras. Existem muitas técnicas de modulação para inversores multinível. Mas a técnica de modulação baseada em portadora é fácil e eficiente. Os espectros de saída PWM foram calculados a partir de operações básicas simuladas com o MATLAB.

No capítulo quatro e cinco, discutimos as novas topologias de inversores multinível que são competitivas em comparação com a topologia convencional. Nas novas topologias, é possível gerar uma saída com menos componentes de comutação em comparação com a topologia convencional. Por isso, as novas topologias são melhores do que a topologia convencional.

Atualmente, estão em curso a investigação e o desenvolvimento a nível mundial de tecnologias relacionadas com os inversores multinível. O foco deste livro limita-se ao princípio fundamental de diferentes inversores multinível.

6.2 TRABALHO FUTURO:

Como a procura de energia eléctrica aumenta continuamente, não podemos depender das fontes convencionais competitivas existentes para o fornecimento de energia a longo prazo, uma vez que estas estão a diminuir rapidamente. As fontes de energia renováveis são a melhor alternativa para esta crise energética. Existem diferentes tipos de fontes de energia, como a solar, a eólica, as células de combustível, etc., e a escolha da fonte depende da localização e das necessidades de carga. A fonte mais proeminente é a energia solar devido às suas próprias vantagens. A natureza do fornecimento desta fonte é de corrente contínua e tem de ser convertida em corrente alternada para ser fornecida aos consumidores. No entanto, os inversores são utilizados para esta conversão, mas geram harmónicas. Ao utilizar esta nova topologia de inversor multinível, podemos eliminar as desvantagens acima referidas.

REFERÊNCIA

[1] D. M. Baker, V. G. Agelidis e J. Y. Chen, "A five-level zero averagecurrent error controlled single-phase grid-interactive inverterter," *1998 International Conference on Power Electronic Drives and EnergySystems for Industrial Growth, 1998. Proceedings,* 1998, pp. 50-55Vol.1.

[2] J. Rodriguez, Jih-Sheng Lai e Fang Zheng Peng, "Multilevel inverters: a survey of topologies, controls, and applications," in *IEEE Transactionson Industrial Electronics,* vol. 49, no. 4, pp. 724-738, Aug 2002.

[3] G. Ceglia, V. Guzman, C. Sanchez, F. Ibanez, J. Walter e M. I. Gimenez, "A New Simplified Multilevel Inverter Topology for DC-ACConversion," in *IEEE Transactions on Power Electronics,* vol. 21, no. 5,pp. 1311-1319, Sept. 2006.

[4] E. Beser, B. Arifoglu, S. Camur, and E. K. Beser, "Design and application of a single phase multilevel inverter suitable for using as avoltage harmonic sources," *J. Power Electron.,* vol. 10, no. 2, pp. 138-145, Mar. 2010.

[5] N. A. Rahim e J. Selvaraj, "Multistring Five-Level Inverter With Novel PWM Control Scheme for PV Application," em *IEEETransactions on Industrial Electronics,* vol. 57, no. 6, pp. 2111-2123, junho de 2010.

[6] R. Stala, "Application of Balancing Circuit for DC-Link VoltagesBalance in a Single-Phase Diode-Clamped Inverter With Two Three-Level Legs," in *IEEE Transactions on Industrial Electronics,* vol. 58,no. 9, pp. 4185-4195, Sept. 2011.

[7] N. Rajanand Patnaik, Y. Ravindranath Tagore, "Projeto e avaliação da topologia PUC (Packed U Cell) em diferentes níveis e cargas em termos de THD", no *European Journal of Advances in Engineering andTechnology,* vol. 3, no. 9, pp. 33- 43, setembro de 2016.

Printed by Books on Demand GmbH, Norderstedt / Germany